公益性行业(农业)科研专项
“主要农作物高活力种子生产技术研究与示范”
成果丛书

种子活力测定技术手册

小麦种子活力测定技术手册

丛书主编　王建华
孙　群　编著

中国农业大学出版社
·北京·

内容简介

本手册分为基于标准发芽试验的活力测定方法与逆境发芽测定，涉及发芽速度测定、幼苗生长测定、人工加速老化测定、盐胁迫发芽测定、模拟干旱胁迫发芽测定等。

图书在版编目(CIP)数据

种子活力测定技术手册.小麦种子活力测定技术手册/孙群编著.—北京：中国农业大学出版社，2018.5

(公益性行业(农业)科研专项“主要农作物高活力种子生产技术研究与示范”成果丛书/王建华主编)

ISBN 978-7-5655-2022-8

Ⅰ.①种…　Ⅱ.①孙…　Ⅲ.①小麦-种子活力-测定-技术手册　Ⅳ.①S330.3-62

中国版本图书馆 CIP 数据核字(2018)第 088036 号

书　名　种子活力测定技术手册
　　　　　小麦种子活力测定技术手册

作　者　孙　群　编著

责任编辑　洪重光　　**封面设计**　郑　川

出版发行　中国农业大学出版社

社　址　北京市海淀区圆明园西路 2 号　　**邮政编码**　100193

电　话　发行部 010-62818525,8625　　读者服务部 010-62732336
　　　　　编辑部 010-62732617,2618　　出　版　部 010-62733440

网　址　http://www.caupress.cn　　**E-mail** cbsszs @ cau.edu.cn

经　销　新华书店

印　刷　涿州市星河印刷有限公司

版　次　2018 年 9 月第 1 版　2018 年 9 月第 1 次印刷

规　格　787×980　16 开本　3 印张　30 千字

定　价　128.00 元(全八册)

图书如有质量问题本社发行部负责调换

公益性行业（农业）科研专项
“主要农作物高活力种子生产技术研究与示范”
成果丛书

编写委员会

主　编　王建华

副主编　（按姓氏音序排列）

付俊杰　顾日良　孙　群　唐启源　尹燕枰
赵光武　赵洪春

编　委　（按姓氏音序排列）

邓化冰　段学义　樊廷录　付俊杰　顾日良
韩登旭　郝　楠　何丽萍　江绪文　康定明
李润枝　李　莉　梁晓玲　林　衡　鲁守平
马守才　孟亚利　石书兵　孙　群　孙爱清
唐启源　田开新　王　进　王　玺　王　莹
王建华　王延波　尹燕枰　赵光武　赵洪春
郑华斌

《种子活力测定技术手册》(共8分册)编委会

主　　编　王建华　赵光武　孙　群

编写人员　（按姓氏音序排列）

何龙生（浙江农林大学）

江绪文（青岛农业大学）

李润枝（北京农学院）

孙　群（中国农业大学）

唐启源（湖南农业大学）

王建华（中国农业大学）

赵光武（浙江农林大学）

总　序

农业生产最大的风险是播下的种子不能正常出苗，或者出苗后不能正常生长，从而造成缺苗断垄甚至减产。近些年，发达国家的种子在我国呈现出快速扩张的趋势，种子活力显著高于国内种子是其中的重要原因之一。农业生产的规模化、机械化是提高我国农业劳动生产效率，实现农业现代化的必由之路。单粒精量播种技术简化了作物生产管理的间苗定苗环节，大幅度降低了农业生产人力和财力支出，同时也是优质农产品生产的基本保障。但是，高活力种子是实现单粒精量播种的必要条件，现阶段我国主要农作物种子活力还难以适应规模化机械化高效高质生产技术的发展要求。

研究我国主要农作物种子的高活力生产技术和低损加工技术，提高种子质量是农业生产机械单粒播种、精量播种的迫切需要，也是加强我国种子企业的市场竞争力与种业安全的紧迫需求。2012年，中国农业大学牵头，山东农业大学、湖南农业大学、中国农业科学院作物科学研究所、浙江农林大学、北京德农种业有限公司参与，共同申报承担了农业部公益性行业（农业）

科研专项“主要农作物高活力种子生产技术研究与示范”(项目号 201303002,项目执行期 2012.01—2017.12)。依托前期项目组成员单位和国内外的工作基础,项目组有针对性地研究了影响玉米、水稻、小麦、棉花高活力种子生产中的关键问题,组装配套各类作物高活力种子的生产技术规程和低损加工技术规程,并在企业进行技术示范,为全面提升我国主要农作物种子活力水平提供理论指导,为农业机械化和现代化发展提供种子保障。

依托项目研究成果,我们编写了下列丛书:

《河西地区杂交玉米种子生产技术手册》

《玉米种子加工与贮藏技术手册 上册·收获和干燥》

《玉米种子加工与贮藏技术手册 中册·包衣和包装》

《玉米种子加工与贮藏技术手册 下册·贮藏》

《玉米种子精选分级技术原理和操作指南》

《水稻高活力种子生产技术手册》

《棉花高活力种子生产技术手册》

《冬小麦高活力种子生产技术手册》

《水稻种子活力测定技术手册》

《小麦种子活力测定技术手册》

《棉花种子活力测定技术手册》

《玉米种子萌发顶土力生物传感快速测定技术手册》

《水稻种子活力氧传感快速测定技术手册》

《小麦种子活力计算机图像识别操作手册》

《种子形态特征图像识别操作手册》

《主要农作物种子数据库查询系统用户使用手册 V1.0》

本套丛书可供相关种子研究人员及农业技术人员和制种人员使用，成书仓促，疏漏之处在所难免，恳请读者批评指正！

编著者

2018 年 3 月

前　言

在作物生产中，种子作为最基本的生产资料，种子质量直接影响作物的产量与质量，种子活力(seed vigor)又是反映种子质量的重要指标。因此，测定种子活力，对种子活力进行评价并筛选出高活力种子，对于确保播种种子质量，节约播种费用，提高种子抵御不良环境的能力，增强种子对病虫杂草的竞争能力，提高实际田间出苗率，提高作物产量，增强种子的耐储藏性，具有重大的生产意义。

目前国内应用较多的作物种子活力测定方法仍然是幼苗生长速率测定。由于发芽测定消耗时间长，越来越不能满足竞争日益激烈的市场对快速准确掌握种子质量信息的需求。

为了更加全面和系统地了解种子活力测定的方法，掌握种子活力测定技术，我们收集国内外种子活力测定的相关资料，以及实践经验，结合实验室研究进展，选取试验相对简便易行、结果准确的测定方法编辑成《种子活力测定技术手册》。本手册共分 8 个分册，内容涉及种子活力常规测定方法、新技术在种子活力测定中的应用以及相关软件、数据库的操作和使用，作物包括水稻、小麦、玉米、棉花等。

各分册编写分工如下：

《水稻种子活力测定技术手册》　赵光武　唐启源　何龙生
《小麦种子活力测定技术手册》　孙　群
《棉花种子活力测定技术手册》　李润枝
《玉米种子萌发顶土力生物传感快速测定技术手册》　江绪文　王建华
《水稻种子活力氧传感快速测定技术手册》　赵光武
《小麦种子活力计算机图像识别操作手册》　孙　群
《种子形态特征图像识别操作手册》　孙　群　王建华
《主要农作物种子数据库查询系统用户使用手册 V1.0》　赵光武　王建华

此手册期望能为作物育种、种子生产人员提供参考。

由于时间紧促，加上编者水平有限，难免会有错误和疏漏之处，恳请读者批评指正。

编著者
2018 年 3 月

目　录

1　引言 ………………………………………………… 1
2　基于标准发芽试验的活力测定方法 ………………… 2
2.1　测定原理 ………………………………………… 2
2.2　所需器具 ………………………………………… 2
2.2.1　材料 ………………………………………… 2
2.2.2　仪器、装置 …………………………………… 3
2.3　测定步骤 ………………………………………… 4
2.3.1　样品的准备 ………………………………… 4
2.3.2　试验样品的预处理 ………………………… 4
2.3.3　置床 ………………………………………… 4
2.3.4　培养 ………………………………………… 6
2.3.5　检查管理 …………………………………… 6
2.3.6　数据记录 …………………………………… 7
2.4　结果计算、表示与解释 …………………………… 8
2.5　注意事项 ………………………………………… 9
3　基于逆境发芽试验的活力测定方法 ………………… 11
3.1　测定原理 ………………………………………… 11
3.2　所需器具 ………………………………………… 12

3.2.1 材料 …… 12
3.2.2 仪器、试剂 …… 12
3.3 测定步骤 …… 13
3.3.1 样品的准备 …… 13
3.3.2 试验样品的预处理 …… 13
3.3.3 置床 …… 13
3.3.4 培养 …… 15
3.3.5 检查管理 …… 15
3.3.6 数据记录 …… 15
3.4 结果计算、表示与解释 …… 16
3.5 注意事项 …… 18
附录1 容许差距 …… 20
附录2 胚根伸长计数法在小麦种子活力检测中的运用 …… 22
附录3 相关性分析 …… 29
参考文献 …… 34

1 引言

小麦是我国最重要的粮食作物之一。小麦种子质量的高低影响小麦的产量与品质。种子活力是反映种子质量的重要指标，测定种子活力，对种子活力进行评价并筛选出高活力种子，可确保播种种子质量，节约播种费用，提高种子抵御不良环境的能力，增强对病虫杂草的竞争能力，提高实际田间出苗率，提高作物产量，增强种子的耐储藏性，具有重大意义。

在农业部公益性行业（农业）科研专项“主要农作物高活力种子生产技术研究与示范”项目的资助下，项目组系统开展了小麦种子活力测定技术研究。为了更加全面和系统地了解小麦种子活力测定的方法，掌握小麦种子的活力测定技术，依托项目最新研究成果并收集国内外种子活力测定方面的有关资料，选取试验方法相对简便易行、所测指标与种子活力相关性高的测定方法编辑成本手册。

本手册分为基于标准发芽试验的活力测定方法与逆境发芽测定，涉及发芽速度测定、幼苗生长测定、人工加速老化测定、盐胁迫发芽测定、模拟干旱胁迫发芽测定等。

2 基于标准发芽试验的活力测定方法

2.1 测定原理

种子的萌发速度和幼苗生长势是种子活力的重要表现，可以用发芽势、发芽指数、活力指数、简易活力指数、平均发芽天数、发芽率等指标进行表示。高活力的种子，发芽迅速而整齐，其发芽势、发芽指数、活力指数、简易活力指数等较高。平均发芽天数是种子发芽所需的天数，其值愈小，说明种子发芽速度快，活力高。具体操作过程可以采用发芽盒发芽、卷纸发芽、垂直板发芽等多种方法。

2.2 所需器具

2.2.1 材料

小麦种子、发芽盒（120 mm×120 mm）、发芽纸（110 mm×

110 mm)、薄海绵块(110 mm×110 mm)、褐色发芽纸(美国 Anchor,规格 380 mm×255 mm)或蓝色发芽纸(美国Anchor,规格 305 mm×240 mm)、薄海绵块(380 mm×200 mm)、数种板(图 1)、置种板、放纸卷的塑料盒、蒸馏水、玻璃棒、镊子等。

图 1　数种板

2.2.2　仪器、装置

数粒仪(图 2)、推拉式垂直板种子发芽装置(图 3)、光照培养箱、人工气候箱或发芽室等。

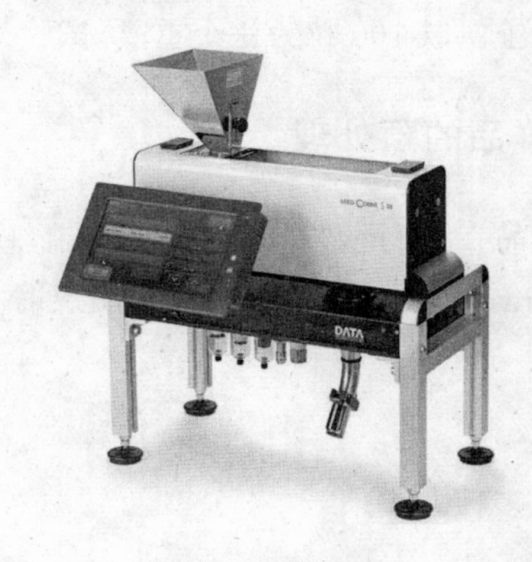

图 2　数粒仪

图3 推拉式垂直板种子发芽装置

2.3 测定步骤

2.3.1 样品的准备

从充分混合的小麦净种子中,用数粒仪或数种板或手工随机数取400粒种子。以100粒为一个重复,试验为4个重复。

2.3.2 试验样品的预处理

所有种子样品在进行萌发试验前,预先在1%的次氯酸钠溶液中浸泡3 min,以进行表面消毒,然后用蒸馏水洗干净。

2.3.3 置床

置床可采用多种方式。

(1)发芽盒发芽

薄海绵块(110 mm × 110 mm)与发芽纸(110 mm × 110 mm)用高压灭菌锅进行消毒处理,发芽盒用酒精预先擦拭消毒。先将海绵块放入发芽盒中,然后将单层浸润的发芽纸平铺在海绵块上。将 100 粒小麦种子摆放于发芽纸上,在发芽盒中加入蒸馏水,以不完全没过海绵块为准。

(2)卷纸发芽

将褐色发芽纸(美国 Anchor,规格 380 mm×255 mm)用高压灭菌锅进行消毒处理,然后浸泡在蒸馏水中完全浸润,随后进行卷纸发芽试验。将单层浸润的发芽纸平铺于经酒精擦拭并完全干燥后的试验台上,用置种板将 50 粒小麦种子放在距发芽纸上边缘 6～7 cm 处。将另一张单层发芽纸覆盖在种子上,并挤出种子周边外卷纸之间的空气。将双层发芽纸的下边缘向上折起约 2 cm,并将双层发芽纸卷起,注意纸卷不要太紧。将 4 个重复的纸卷装进 12 号自封袋中,卷纸折叠的一方朝向袋口,并向下放置在塑料盒中,塑料盒中加入高 1 cm 的蒸馏水。

(3)垂直板发芽

将褐色发芽纸(美国 Anchor,规格 380 mm×255 mm)或蓝色发芽纸(美国 Anchor,规格 305 mm×240 mm)和薄海绵块(380 mm×200 mm)用高压灭菌锅进行消毒处理,将推拉式垂直板种子发芽装置用酒精进行预先消毒处理。将发芽板平铺在桌面上,依次在上面放上薄海绵块、湿润的发芽纸和种子,最后盖上另一块发芽板，完成后利用橡皮筋进行两端固定。将用橡皮筋固定好后的垂直板竖直插入发芽槽中，发芽槽的立柱可起到固定垂直板的作用。

发芽板通过底部及双侧槽可直接固定，槽内一次加水，发芽时采用单层发芽纸后衬海绵，可保证发芽期间水分均一，且不需打开发芽板就可观察种子发芽情况。在观察第 2 层、第 3 层至第 9 层发芽情况时，直接将加水槽连带发芽板横向推出即可进行观察或拍照，亦可将发芽板取下进行直接扫描用于计算机图像幼苗识别，适用于种子公司内种子发芽率及种子活力检测。

上述三种方法在发芽期间均不必再加水，并可保证重复间的水势基本一致，减少实验误差。

2.3.4 培养

放置在 25℃、光照环境下进行种子萌发。

2.3.5 检查管理

在种子发芽期间，进行适当的检查管理，以维持适宜的发芽条件。

(1)温度的检查

温度应保持在所设定温度的±1℃范围内，防止由于控温部件失灵、断电、电器损坏等意外事故导致温度失控。

(2)发霉情况的检查

如发现种子发霉，应及时取出洗涤去霉。当发霉种子超过

5%时，应更换发芽床，以免霉菌传染。如发现腐烂死亡种子，则应将其除去并记载。

还应注意氧气的供应情况，避免因缺氧而影响正常发芽。

2.3.6 数据记录

对于按 GB/T 3543.4 农作物种子发芽检验规程中正常幼苗和非正常幼苗的鉴定标准进行发芽率的统计。逐日记载发芽种子数，第 4 天记录发芽势，第 8 天记录发芽率。

如采用胚根伸长数法快速比较不同批次小麦种子活力，建议在第 40 h 检测胚根突破种皮 2 mm 为标准进行记录，采用此方法时以用发芽盒发芽或垂直板式发芽为佳。项目执行组 2016 年采用 32 份冬小麦材料试验分析初步得出，用胚根伸长计数法评价小麦种子活力的最佳计数点定位为（25℃，34 h）。2017 年对冬小麦种子基于伸长胚根计数的活力评价方法进行进一步的验证与优化，结果表明：胚根伸长计数在（25℃，34 h）和（25℃，40 h）两个时间节点都与标准发芽率和平均发芽时间（MGT）达到了极显著相关水平，考虑到有的小麦种子活力较低，胚根伸出时间较晚，最终采用（25℃，40 h）为胚根伸长计数法评价小麦种子活力的最佳计数点。

以幼苗生长速度快速比较不同批次小麦种子活力时，建议采用垂直板式发芽法，比较第 3 天小麦幼苗的长度及投影面积。将发芽板整个取下，进行扫描，扫描完后将发芽板再放回发芽槽中不影响种子的继续萌发。图像的识别见《小麦种子活力计算机图像识别操作手册》。

项目执行组选用不同老化天数的2份小麦种子和16份小麦种子及45份小麦材料为研究对象,检测种子萌发前及萌发后幼苗的各项动态指标,获取其生长信息,以发芽结束后的苗鲜重作为种子的最终活力,研究结果表明发芽第3天的幼苗苗长及投影面积可用于小麦种子活力的快速检测。

人工测量苗长、根长等数据时费时费力且误差很大,采用计算机图像识别技术可以更为精确快速地检测幼苗的相关数据,从而达到快速检测种子活力的目的。小麦幼苗自动测量软件(软件著作权号:2015SRBJ0509)可自动快速检测记录小麦幼苗的编号、幼苗长度和幼苗投影面积。该系统检测速度快,识别准确度高,检测误差小于5%。

2.4 结果计算、表示与解释

(1)发芽势(GP)

$$\text{GP}=\frac{\text{初次计数发芽数}}{\text{发芽试验样品粒数}}\times 100\%$$

(2)发芽指数(GI)

$$\text{GI} = \sum (G_t/D_t)$$

式中:D_t——发芽天数;

G_t——与 D_t 相对应的每天发芽种子数。

(3)活力指数(VI)

$$VI = GI \times S$$

式中:S——一定时期内正常幼苗单株长度(cm)或干重(g)。

(4)简易活力指数(SVI)

$$SVI = G \times S$$

式中:G——发芽率;

S——一定时期内正常幼苗单株长度(cm)或干重(g)。

(5)平均发芽时间(MGT)

$$MGT = \frac{\sum (G_t . D_t)}{\sum G_t}$$

式中:D_t——发芽天数;

G_t——与 D_t 相对应的每天发芽种子数。

2.5 注意事项

当一个试验发芽率的 4 次重复间的差距超过最大容许差距时(见附表 1),应采用同样的方法进行第二次试验。如果第二次结果与第一次结果相一致,即其差异不超过附表 2 中所示的容许差距,则将两次试验的平均数填报在结果单上。如果第二次结果与第一次结果不相符合,其差异超过附表 2 所示的容许差距,则采用同样的方法进行第三次试验,填报符合要求的平均数结果。

按照GB/T 3543.4的检验报告要求,对试样的检测结果进行填报。不正常幼苗、新鲜不发芽种子和死种子的百分率按4次重复平均数计算。正常幼苗、不正常幼苗和未发芽种子百分率的总和必须为100,平均数百分率修约到最近似的整数,修约0.5进入最大值中。

3 基于逆境发芽试验的活力测定方法

3.1 测定原理

逆境试验是测定种子活力的常用方法。根据逆境的处理方式可以分为两类,一类是在种子萌发试验之前或初始阶段胁迫处理一定时间,然后进行发芽试验或是转入适境继续发芽,如冷浸法、抗冷测定、干热处理、老化处理、高渗溶液处理等;另一类是种子从吸胀开始就持续处于胁迫环境,观察其出苗情况,如冷发芽、砖砾法等。针对小麦种子,主要介绍模拟干旱胁迫发芽试验、盐胁迫发芽试验、加速老化发芽试验三种测定小麦种子活力的逆境试验。

干旱胁迫发芽试验通过控制水分条件来模拟田间的干旱状况,实验室中常通过种子在 PEG 渗透势培养液中发芽来评价其活力状况。

盐胁迫发芽试验通过盐溶液培养的样本发芽率来评价种子批的活力状况。

种子在自然条件下老化较慢,而在高温、高湿条件下导致种子快速老化，种子活力迅速降低。高活力种子由于耐受高温高湿条件的能力强，劣变较慢，老化处理后其发芽能力虽明显降低，但比低活力种子高。

干旱胁迫发芽试验、盐胁迫发芽试验、加速老化发芽试验等逆境萌发率指标稳定，且与小麦种子活力密切相关，比标准发芽率更能准确地预测种子田间出苗状况。实验室常采用15% PEG-6000溶液模拟干旱胁迫、200 mmol/L的NaCl溶液模拟盐胁迫，采用高温高湿处理加速小麦种子老化，通过标准发芽试验观察种子发芽成苗能力。

3.2 所需器具

3.2.1 材料

小麦种子、褐色发芽纸（美国Anchor，规格380 mm×255 mm）、数种板、置种板、放纸卷的塑料盒、蒸馏水、温湿度计、玻璃棒、镊子等。

3.2.2 仪器、试剂

老化箱、光照培养箱、人工气候箱或发芽室等装置。NaCl、PEG-6000、次氯酸钠溶液（浓度为1.0%）等。

3.3 测定步骤

3.3.1 样品的准备

从充分混合的净种子中,用数种设备或手工随机数取400粒种子。以100粒种子为一个重复,试验为4个重复。

3.3.2 试验样品的预处理

人工老化发芽率测定之前需对种子进行人工老化处理:在老化箱里加足水,以淹没热元件为度,干燥的外箱不可用来做老化测定。将温度传感器放置在老化箱中与种子相平的高度,控制温度在41℃,相对湿度100%。将放好种子的老化盒放入老化箱内处理72 h。注意:老化箱中的水需先消毒处理,每天应检查是否需要加水,切忌断水。在老化处理期间,不能打开老化箱的门,否则需重新试验。处理结束后,取出样种子样品,薄摊,回干至原始含水量。

所有种子样品在进行萌发试验前,预先在1%的次氯酸钠溶液中浸泡3 min,以进行表面消毒,并用蒸馏水冲洗干净。

3.3.3 置床

作为小麦种子发芽床的纸类为专用发芽纸,以卷纸法为例进行介绍。

(1)标准发芽试验

将专用发芽纸浸泡在蒸馏水中,完全浸润,随后进行卷纸发芽试验。将单层浸润的发芽纸平铺于经酒精擦拭并完全干燥后的试验台上,用置种板将50粒小麦种子放在距发芽纸上边缘6~7 cm处。将另一张单层发芽纸覆盖在种子上,并挤出种子周边外卷纸之间的空气。将双层发芽纸的下边缘向上折起约2 cm,并将双层发芽纸卷起,注意纸卷不要太紧。将4个重复的纸卷装进12号自封袋中,卷纸折叠的一方朝向袋口,并向下放置在塑料盒中,塑料盒加入高1 cm的蒸馏水。

(2)干旱胁迫发芽试验

将蒸馏水替换为质量浓度(单位质量溶液中含有一定质量的溶剂)15%的PEG-6000溶液,其余操作同标准发芽试验。15% PEG-6000溶液配制方法:量取150 g PEG-6000固体溶解于蒸馏水中,并将溶液定容到1 000 mL。

(3)盐胁迫发芽试验

将蒸馏水替换为200 mmol/L的NaCl溶液,其余操作同标准发芽试验。1 000 mL的200 mmol/L的NaCl溶液配制方法:量取11.7 g NaCl固体溶解于蒸馏水中,并将溶液定容到1 000 mL。

(4)加速老化发芽试验

取人工老化处理过的种子按标准发芽试验进行。

3.3.4 培养

将塑料盒放置在25℃、光照环境下进行种子的萌发培养。

3.3.5 检查管理

在种子发芽期间，应进行适当的检查管理，以维持适宜的发芽条件。第4天检查和维护萌发环境，第8天查看样本发芽率。检查管理的主要内容包括：

（1）水分的检查

种子萌发期间，塑料盒中始终保持高1 cm左右的蒸馏水或PEG-6000溶液。

（2）温度的检查

温度应保持在所设定温度的±1℃范围内，防止由于控温部件失灵、断电、电器损坏等意外事故导致温度失控。

（3）发霉情况的检查

如发现种子发霉，应及时取出洗涤去霉。当发霉种子超过5％时，应更换发芽床，以免霉菌传染。如发现腐烂死亡种子，则应将其除去并记载。

还应注意氧气的供应情况，避免因缺氧而影响正常发芽。

3.3.6 数据记录

按GB/T 3543.4农作物种子发芽检验规程中正常幼苗和

非正常幼苗的鉴定标准进行发芽率的统计。

3.4 结果计算、表示与解释

(1)干旱胁迫发芽试验

统计种子的发芽率,并求得4次重复的平均值,表示种子在干旱胁迫下的发芽率。

$$种子标准发芽率=\frac{末次计数正常幼苗数}{供检种子粒数}\times 100\%$$

$$\begin{array}{c}种子干旱\\胁迫发芽率\end{array}=\frac{\begin{array}{c}干旱胁迫发芽试验\\末次计数正常幼苗数\end{array}}{干旱胁迫发芽试验供检种子粒数}\times 100\%$$

$$干旱胁迫相对发芽率=\frac{干旱胁迫发芽率}{标准发芽率}\times 100\%$$

干旱胁迫条件下,种子干旱胁迫相对发芽率高表明该种子批种子的抗旱性强,相反种子干旱胁迫相对发芽率低说明该种子批种子的抗旱性弱。

需要特别指出的是,干旱胁迫相对发芽率的高低仅能说明待测种子批的抗旱性强弱,在实际检测过程中需用样本标准发芽率的大小辅助判别干旱胁迫条件下种子活力的高低——当样本种子的标准发芽率、干旱胁迫相对发芽率都较高时,种子在干旱胁迫条件下才有较高的活力。

(2)盐胁迫发芽试验

$$\text{种子盐胁迫发芽率}=\frac{\text{盐胁迫发芽试验末次计数正常幼苗数}}{\text{盐胁迫发芽试验供检种子粒数}}\times 100\%$$

$$\text{盐胁迫相对发芽率}=\frac{\text{盐胁迫发芽率}}{\text{标准发芽率}}\times 100\%$$

原小麦耐盐性鉴定评价技术规范中对小麦芽期耐盐性评价的分级指标是相对盐害率，其计算方式为

$$\text{相对盐害率}=1-\frac{\text{盐胁迫发芽试验末次计数正常幼苗数平均数}}{\text{标准发芽试验末次计数正常幼苗数平均数}}\times 100\%$$

在标准发芽试验、盐胁迫发芽试验供试样品数量相同的条件下，上式的分子、分母同时除以供检样本种子粒数，则上式变形为

$$\text{相对盐害率}=1-\frac{\text{盐胁迫发芽率}}{\text{标准发芽率}}\times 100\%$$

即

$$\text{相对盐率害}=1-\text{盐胁迫相对发芽率}$$

盐胁迫条件下，种子盐胁迫相对发芽率高表明该种子批种子的耐盐性强，相反种子盐胁迫相对发芽率低说明该种子批种子的耐盐性弱。

需要特别指出的是，盐胁迫相对发芽率的高低仅能说明待测种子批的耐盐性强弱，在实际检测过程中需用样本标准发芽率的大小辅助判别盐胁迫条件下种子活力的高低——当样本种

子的标准发芽率、盐胁迫相对发芽率都较高时，种子批的种子在盐胁迫条件下有较高的活力。

(3)人工老化发芽试验

$$\text{种子人工老化发芽率}=\frac{\text{人工老化发芽试验末次计数正常幼苗数}}{\text{人工老化发芽试验供检种子粒数}}\times 100\%$$

$$\text{人工老化相对发芽率}=\frac{\text{人工老化发芽率}}{\text{标准发芽率}}\times 100\%$$

经过人工加速老化处理后，种子老化相对发芽率高表明该种子批种子的耐贮藏性好，相反种子老化相对发芽率低说明该种子批种子的耐贮藏性不好。

需要特别指出的是，由于小麦种子有后熟特性，因此可能存在老化相对发芽率大于100%的现象。当出现这种情况时，可认为该种子批的小麦种子需要经过后熟相关处理以提高小麦种子的发芽率。另外，老化相对发芽率仅能反映种子批种子贮藏性的高低，在实际检测过程中需用样本标准发芽率的大小辅助判别贮藏后种子活力的高低——当样本种子的标准发芽率、老化相对发芽率都较高时，贮藏后种子批的种子有较高的活力。

3.5 注意事项

当一个试验的4次重复间的差距超过最大容许差距时(附表1)，应采用同样的方法进行第二次试验。如果第二次结果与第一次结果相一致，即其差异不超过附表 2 中所示的容许差距，则将两次试验的平均数填报在结果单上。如果第二次结果与第一次结果不相符合，其差异超过附表 2 所示的容许差距，则采用同样的方法进行第三次试验，填报符合要求的平均数结果。

按照 GB/T 3543.4 的检验报告要求，对试样的检测结果进行填报。不正常幼苗、新鲜不发芽种子和死种子的百分率按 4 次重复平均数计算。正常幼苗、不正常幼苗和未发芽种子百分率的总和必须为 100%，平均数百分率修约到最近似的整数，修约 0.5 进入最大值中。

附录 1　容许差距

附表 1-1　同一发芽试验 4 次重复间的最大容许差距(重复间比较时用)

平均发芽率/%		最大容许差距
50%以上	50%以下	
99	2	5
98	3	6
97	4	7
96	5	8
95	6	9
93～94	7～8	10
91～92	9～10	11
89～90	11～12	12
87～88	13～14	13
84～86	15～17	14
81～83	18～20	15
78～80	21～23	16
73～77	24～28	17
67～72	29～34	18
56～66	35～45	19
51～55	46～50	20

附表 1-2 同一或不同实验室来自相同或不同送检样品间发芽试验的容许差距(两次试验间比较)

平均发芽率/%		最大容许差距
50%以上	50%以下	
98～99	2～3	2
95～97	4～6	3
91～94	7～10	4
85～90	11～16	5
77～84	17～24	6
60～76	25～41	7
51～59	42～50	8

注:引自 GB/T 3543.4—1995《农作物种子检验规程 发芽试验》。

附录 2　胚根伸长计数法在小麦种子活力检测中的运用

本研究采用同一条件下生产的 32 个不同品种的冬小麦种子为材料进行纸上发芽试验，25℃、光照条件。每 2 h 进行一次根伸长计数统计，根伸出 2 mm 为有效数据，第 7 天查看种子的发芽率并测量幼苗鲜重。

附表 2-1　小麦种子发芽率、鲜重活力指数和平均发芽时间

材料编号 Number	GP	VI	MGT	GP_F	材料编号 Number	GP	VI	MGT	GP_F
1	0.96	15.11	142.7	0.793	AA1	0.98	17.39	196.9	0.783
2	0.97	19.44	164.9	0.770	AA2	0.84	14.98	196.4	0.762
3	0.97	17.00	127.8	0.737	AA3	0.98	17.91	191.8	0.717
4	0.95	15.98	162.1	0.783	AA4	0.88	14.82	185.2	0.758
5	0.98	16.24	132.7	0.793	AA5	0.89	15.09	200.0	0.775
6	0.99	16.45	147.5	0.880	AA6	0.98	16.91	200.0	0.868
7	0.99	17.01	165.7	0.850	AA7	0.96	15.85	201.0	0.822
8	0.99	16.94	139.4	0.860	AA8	0.98	16.74	203.1	0.852
9	0.99	16.70	152.5	0.847	AA9	0.99	19.09	193.9	0.819
10	0.99	17.24	118.2	0.907	AA10	0.95	20.62	176.8	0.903
11	0.98	11.94	159.2	0.797	AA11	0.89	8.86	203.4	0.782
12	0.98	16.67	126.5	0.597	AA12	1.00	18.30	190.0	0.595

续附表 2-1

材料编号 Number	GP	VI	MGT	GP_F	材料编号 Number	GP	VI	MGT	GP_F
13	0.98	13.38	159.2	0.863	AA13	0.93	15.88	192.5	0.845
14	0.98	12.24	142.9	0.370	AA14	0.98	17.86	165.3	0.341
15	0.98	14.64	138.8	0.543	AA15	0.98	16.88	198.0	0.516
16	0.99	14.48	148.5	0.513	AA16	0.99	18.99	202.0	0.512
17	0.99	14.65	137.4	0.830	AA17	0.96	16.44	181.3	0.808
18	0.99	16.96	146.5	0.717	AA18	0.86	15.31	187.2	0.690
19	1.00	12.12	128.0	0.700	AA19	0.98	11.39	190.8	0.698
20	0.99	14.65	153.5	0.670	AA20	0.88	14.08	201.1	0.649
21	0.96	13.68	170.8	0.810	AA21	0.88	9.45	210.2	0.795
22	1.00	11.29	155.0	0.787	AA22	0.95	16.14	189.5	0.784
23	1.00	17.86	164.0	0.907	AA23	0.95	18.29	192.6	0.897
24	1.00	16.34	156.0	0.867	AA24	1.00	22.77	194.0	0.849
25	0.99	19.76	165.7	0.813	AA25	0.97	25.34	196.9	0.797
27	1.00	17.73	162.0	0.777	AA27	0.99	21.62	196.0	0.767
28	1.00	15.73	177.0	0.817	AA28	1.00	21.97	180.0	0.792
29	1.00	13.21	175.0	0.850	AA29	0.99	22.24	179.8	0.837
30	1.00	18.80	162.0	0.857	AA30	1.00	21.06	155.0	0.852
31	1.00	16.04	154.0	0.887	AA31	0.99	20.91	205.1	0.869
32	1.00	18.41	172.0	0.843	AA32	0.99	19.62	201.0	0.823
33	1.00	16.12	164.0	0.877	AA33	0.94	18.31	203.2	0.874

注：GP—标准发芽率；VI—鲜重活力指数；MGT—平均发芽时间；GP_F—田间出苗率；AA表示材料经过人工加速老化处理

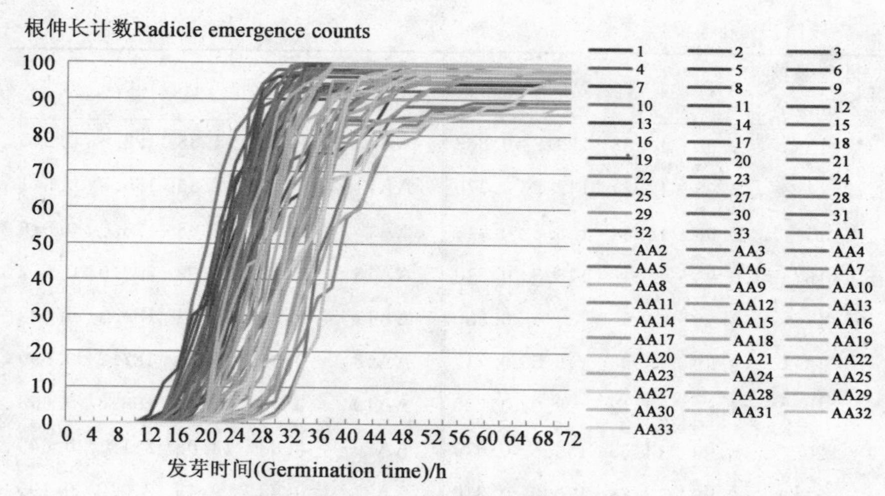

附图 2-1　冬小麦种子的发芽进度曲线

注:72 h 后全部小麦材料的根伸长计数达到稳定,故本研究发芽进度曲线仅显示 0～72h 的数据。

小麦种子的发芽进度曲线近似呈“S 形曲线”,单位时间(2 h)根伸长计数增量曲线近似为“钟形曲线”,12～52 h 是种子批萌发表现差异的阶段,该阶段萌发的种子数目增长迅速,但品种之间增长幅度有所不同。因此,初步判定小麦种子的根伸长计数时间点应落在 12～52 h 的区间内。

变异系数增量为负,说明该时间点的计数增量的变化比上一时间点小,表明种子批仍处于快速萌发的阶段并且品种之间的差异——根的伸出——表现不明显;变异系数增量为正,说明该时间点计数增量的变化比上一时间点大,表明种子根的伸出逐渐显现差异。因此,选取变异系数增量“由负到正”的时间点作为小麦根伸长计数的时间点。根据附图 2-2 SD、AA 和 SD+AA 曲线,初步定位为 26 h、30 h 和 34 h。

利用主成分分析和隶属函数公式对 28～52 h 的 GP、VI 和

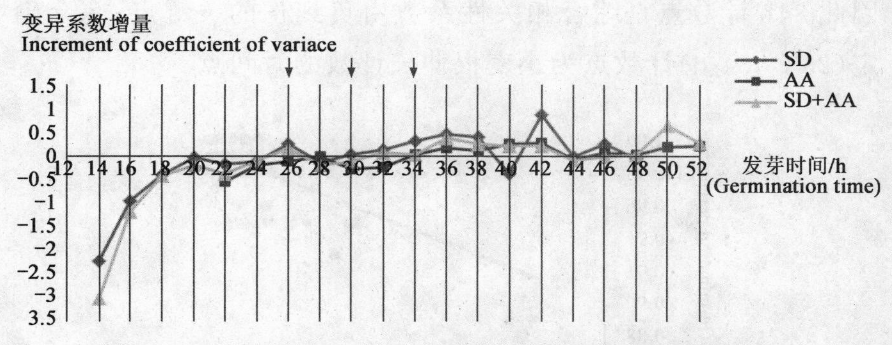

附图 2-2　单位时间(2 h)根伸长计算数增量的变异系数增量曲线

注：SD—标准发芽的根伸长计数；AA—人工加速老化发芽的根伸长计数；SD+AA—综合统计。

MGT 相关性系数进行降维处理。其中，由于 MGT 相关性为负，因而计算得到的综合相关性系数可能因权重分配造成正负性的差异，此时应选择综合相关性系数由负到正的计数点为最佳计数点。

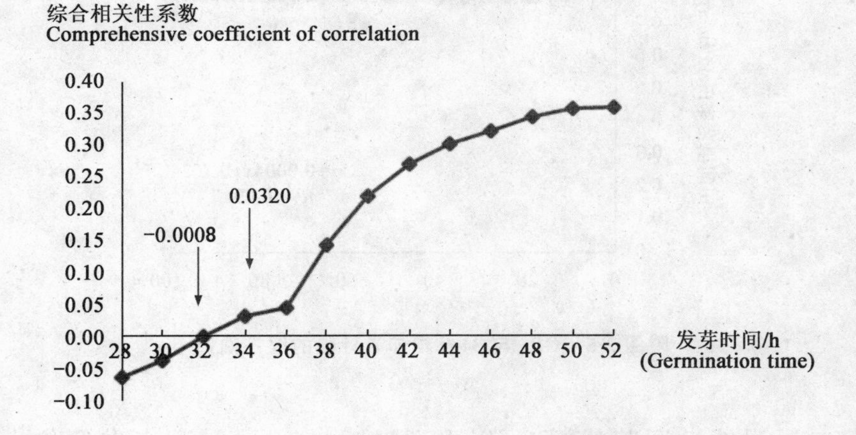

附图 2-3　根伸长计数综合相关性系数曲线

32 h 的综合相关性系数为负，34 h 综合相关性系数为正。

因此 34h 计数点是综合相关性系数由负到正的关键点，综合确定(25℃，34 h)计数点为小麦根伸长计数的时间点。

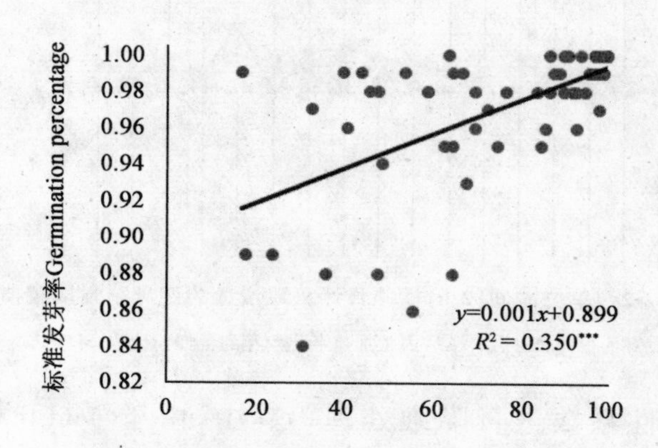

附图 2-4　GP 与 34 h 根伸长计数的线性回归

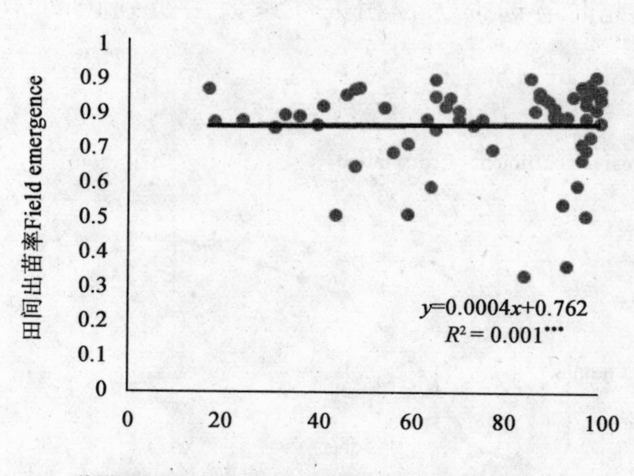

附图 2-5　GP_F 与 34 h 根伸长计数的线性回归

通过线性回归分析，可以看到(25℃，34 h)计数点在评价小麦种子活力中的准确性，鲜重活力指数与该计数点之间的线性回归检验达到了显著水平，标准发芽率和平均发芽时间与该计

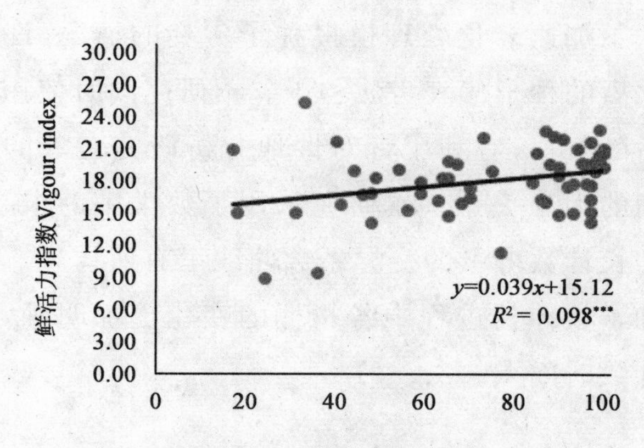

附图 2-6　VI 与 34 h 根伸长计数的线性回归

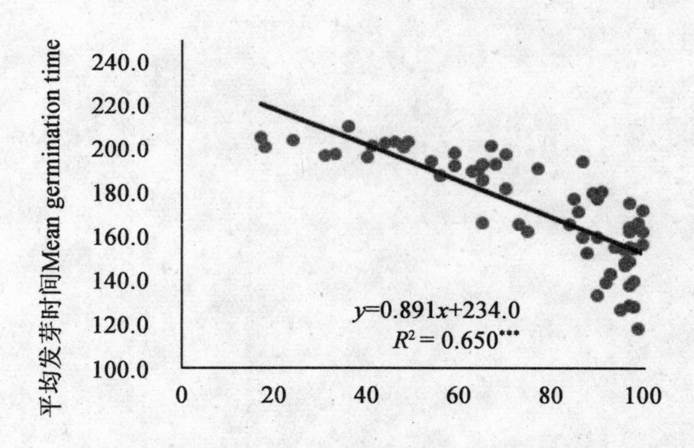

附图 2-7　MGT 与 34 h 根伸长计数的线性回归

数点之间的线性回归检验都达到了极为显著水平。

小麦种子根伸长计数法评价小麦种子活力的最佳计数时间点为:25℃,34 h,计数依据是胚根伸出种皮 2 mm。

相同作物的不同品种之间、相同品种但不同年份和不同产地之间,种子的活力可能存在一定差异。在材料选择方面,本研究的试验材料是在同一条件下生产的,削弱了环境因素对试验的影响。人工加速老化处理模拟种子劣变的情况,许多研究都使用了老化后的种子代表劣质种子。本研究同时使用原材料和经过老化后的材料,有利于针对性地分析研究对象的变化和试验结果之间的因果关系。本研究采用了数学中的求导思想,单位时间根伸长计数增量的变异系数曲线里有所体现。求导变换使得小麦种子根伸长进程中各指标的变化更加明确,有利于定位关键的计数时间点。

附录3 相关性分析

1. 老化不同天数后，陕麦 139、周麦 22 种子活力都存在显著性差异。发芽第 3 天苗长、苗投影面积与种子活力及发芽率均存在极显著正相关。

附表 3-1 陕麦 139 第 3～6 天幼苗长度和变异系数与种子活力及发芽率的相关性分析

指标	第 3 天		第 4 天		第 5 天		第 6 天	
	苗长	变异系数	苗长	变异系数	苗长	变异系数	苗长	变异系数
活力指数	0.979*	−0.995**	0.943	−0.987*	0.970*	−0.968*	0.929	−0.970*
发芽率	0.995**	−0.999**	0.972*	−0.998**	0.989*	−0.983*	0.962*	−0.989*

注：**. 在 0.01 水平(双侧)上显著相关。*. 在 0 .05 水平(双侧)上显著相关。

附表 3-2 陕麦 139 第 3～6 天幼苗投影面积和变异系数与种子活力及发芽率的相关性分析

指标	第 3 天		第 4 天		第 5 天		第 6 天	
	投影面积	变异系数	投影面积	变异系数	投影面积	变异系数	投影面积	变异系数
活力指数	0.980*	−0.996**	0.978*	−0.992**	0.992**	−0.984*	0.950*	−0.972*
发芽率	0.995**	−1.000**	0.994**	−0.999**	0.999**	−0.992**	0.977*	−0.990**

注：**. 在 0.01 水平(双侧)上显著相关。*. 在 0.05 水平(双侧)上显著相关。

附表 3-3 周麦 22 第 3～6 天幼苗长度和变异系数与种子活力及发芽率的相关性分析

指标	第 3 天		第 4 天		第 5 天		第 6 天	
	苗长	变异系数	苗长	变异系数	苗长	变异系数	苗长	变异系数
活力指数	0.999**	−0.984**	0.996**	−0.983**	0.999**	−0.989**	0.996**	−0.989**
发芽率	0.994**	−0.982**	0.998**	−0.978**	0.994**	−0.984**	0.980**	−0.979**

注：**. 在 0.01 水平(双侧)上显著相关。

附表 3-4 周麦 22 第 3～6 天幼苗投影面积和变异系数与种子活力及发芽率的相关性分析

指标	第 3 天		第 4 天		第 5 天		第 6 天	
	投影面积	变异系数	投影面积	变异系数	投影面积	变异系数	投影面积	变异系数
活力指数	0.999**	−0.988**	0.029	−0.886*	0.463	−0.622	0.934*	−0.992**
发芽率	0.993**	−0.985**	0.033	−0.884*	0.375	−0.688	0.884*	−0.981**

注：**. 在 0.01 水平(双侧)上显著相关。*. 在 0 .05 水平(双侧)上显著相关。

2.45 份小麦品种内及品种间的相关性分析均表明，早期幼苗长度与苗投影面积均与种子活力存在极显著正相关的关系，品种内相关系数均在 0.8 以上，不同品种分析时这两个指标与活力及发芽率的相关系数也达到 0.8 左右，说明小麦萌发第三天的幼苗相关数据可用于种子活力的快速检测。

附表 3-5 不同品种第 3～6 天幼苗长度、苗面积与种子活力的相关性分析

序号	品种	苗长				苗投影面积			
		day3	day4	day5	day6	day3	day4	day5	day6
1	矮优 58	0.939**	0.933**	0.954**	0.947**	0.939**	0.951**	0.943**	0.906**
2	邯麦 6172	0.908**	0.904**	0.884**	0.900**	0.900**	0.910**	0.908**	0.905**
3	华麦 6 号	0.905**	0.924**	0.927**	0.939**	0.938**	0.956**	0.953**	0.946**

续附表 3-5

序号	品种	苗长				苗投影面积			
		day3	day4	day5	day6	day3	day4	day5	day6
4	华皖 553	0.894**	0.892**	0.906**	0.912**	0.888**	0.908**	0.897**	0.891**
5	轮选 987	0.869**	0.855**	0.884**	0.891**	0.817**	0.827**	0.871**	0.834**
6	漯麦 18	0.896**	0.914**	0.884**	0.895**	0.877**	0.869**	0.878**	0.858**
7	鲁原 502	0.949**	0.935**	0.903**	0.894**	0.939**	0.963**	0.930**	0.903**
8	宁麦 17	0.959**	0.952**	0.949**	0.957**	0.952**	0.955**	0.950**	0.933**
9	三抗一号	0.922**	0.953**	0.966**	0.976**	0.934**	0.955**	0.964**	0.965**
10	山农 19	0.929**	0.942**	0.956**	0.941**	0.948**	0.968**	0.949**	0.950**
11	皖麦 50	0.892**	0.937**	0.938**	0.954**	0.870**	0.916**	0.925**	0.929**
12	烟农 21	0.909**	0.936**	0.888**	0.932**	0.903**	0.917**	0.862**	0.913**
13	烟农 19	0.871**	0.857**	0.811**	0.813**	0.871**	0.858**	0.838**	0.803**
14	烟农 5181	0.906**	0.932**	0.923**	0.930**	0.885**	0.805**	0.909**	0.893**
15	周麦 16	0.897**	0.906**	0.922**	0.919**	0.889**	0.910**	0.900**	0.894**
16	河南 22	0.872**	0.870**	0.873**	0.898**	0.846**	0.898**	0.890**	0.875**
17	江苏 50	0.918**	0.925**	0.935**	0.958**	0.869**	0.942**	0.946**	0.963**
18	江苏 64	0.933**	0.929**	0.910**	0.958**	0.911**	0.902**	0.843**	0.959**
19	江苏 65	0.802**	0.834**	0.845**	0.890**	0.819**	0.825**	0.803**	0.851**
20	江苏 66	0.933**	0.929**	0.910**	0.958**	0.911**	0.902**	0.843**	0.959**
21	江苏 67	0.848**	0.878**	0.891**	0.903**	0.873**	0.912**	0.905**	0.916**
22	江苏 68	0.874**	0.912**	0.943**	0.936**	0.845**	0.918**	0.948**	0.925**
23	江苏 69	0.889**	0.924**	0.937**	0.949**	0.879**	0.926**	0.931**	0.961**
24	江苏 70	0.827**	0.878**	0.902**	0.911**	0.813**	0.881**	0.868**	0.897**
25	江苏 71	0.878**	0.919**	0.924**	0.946**	0.862**	0.900**	0.929**	0.934**
26	江苏 72	0.901**	0.908**	0.916**	0.943**	0.866**	0.896**	0.887**	0.924**
27	山东 18	0.694**	0.708**	0.667**	0.638**	0.634**	0.733**	0.720**	0.630**
28	山东 19	0.724**	0.799**	0.813**	0.834**	0.682**	0.809**	0.821**	0.822**
29	山东 20	0.785**	0.802**	0.903**	0.939**	0.774**	0.832**	0.928**	1**

续附表 3-5

序号	品种	苗长				苗投影面积			
		day3	day4	day5	day6	day3	day4	day5	day6
30	山东 21	0.847**	0.914**	0.928**	0.942**	0.828**	0.919**	0.918**	0.940**
31	陕麦 139	0.779**	0.814**	0.830**	0.885**	0.744**	0.776**	0.853**	0.906**
32	西农 9871	0.828**	0.913**	0.904**	0.930**	0.832**	0.915**	0.907**	0.891**
33	小偃 216	0.847**	0.909**	0.897**	0.882**	0.809**	0.903**	0.903**	0.869**
34	豫农 211	0.810**	0.857**	0.872**	0.875**	0.782**	0.891**	0.887**	0.848**
35	AK58(143)	0.672**	0.820**	0.821**	0.878**	0.603**	0.764**	0.774**	0.817**
36	AK58(144)	0.769**	0.819**	0.838**	0.860**	0.723**	0.767**	0.803**	0.817**
37	高麦 1 号	0.763**	0.797**	0.804**	0.830**	0.649**	0.791**	0.781**	0.794**
38	百农 207	0.881**	0.909**	0.935**	0.929**	0.865**	0.893**	0.911**	0.921**
39	中麦 175	0.604**	0.684**	0.720**	0.723**	0.563**	0.710**	0.719**	0.715**
40	新豫农 012	0.690**	0.768**	0.758**	0.811**	0.709**	0.772**	0.791**	0.840**
41	冠麦 1 号	0.843**	0.763**	0.825**	0.925**	0.801**	0.795**	0.817**	0.924**
42	周麦 26	0.729**	0.829**	0.855**	0.872**	0.721**	0.795**	0.852**	0.870**
43	周麦 22	0.815**	0.880**	0.886**	0.906**	0.813**	0.861**	0.862**	0.888**
44	丰舞 981	0.703**	0.858**	0.826**	0.870**	0.719**	0.826**	0.856**	0.862**
45	许科 168	0.778**	0.868**	0.917**	0.944**	0.774**	0.899**	0.937**	0.935**
平均		0.842	0.876	0.881	0.900	0.824	0.872	0.878	0.888

注：**. 在 0.01 水平(双侧)上显著相关。

附表 3-6　42 份小麦样品第 3～6 天幼苗长度和变异系数与种子活力及发芽率的相关性分析

指标	第 3 天		第 4 天		第 5 天		第 6 天	
	苗长	变异系数	苗长	变异系数	苗长	变异系数	苗长	变异系数
活力指数	0.78**	−0.76**	0.77**	−0.71**	0.79**	−0.73**	0.80**	−0.73**
发芽率	0.82**	−0.94**	0.85**	−0.97**	0.87**	−0.97**	0.90**	−0.97**

注：**. 在 .01 水平(双侧)上显著相关。

附表 3-7　42 份小麦样品第 3～6 天幼苗投影面积和变异系数与种子活力及发芽率的相关性分析

指标	第 3 天		第 4 天		第 5 天		第 6 天	
	投影面积	变异系数	投影面积	变异系数	投影面积	变异系数	投影面积	变异系数
活力指数	0.79**	−0.75**	0.78**	−0.71**	0.83**	−0.70**	0.86**	−0.70**
发芽率	0.80**	−0.95**	0.80**	−0.96**	0.78**	−0.98**	0.82**	−0.89**

注：**. 在 0.01 水平(双侧)上显著相关。

参考文献

[1] 国家技术监督局. GB/T 3543.4—1995《农作物种子检验规程 发芽试验》.

[2] 时伟芳,叶凤林,李奕瑶,等. 小麦种子活力检测相关指标稳定性的研究. 中国种业,2014,11:47-49.

[3] 尹燕枰,董学会. 种子学实验技术. 北京:中国农业出版社,2008.

[4] 赵光武,钟泰林,应叶青. 现代种子种苗实验指南,北京:中国农业出版社,2015.

[5] International Rules for Seed Testing [S]. The International Seed Testing Association (ISTA). Zürichstr. 50, CH-8303 Bassersdorf, Switzerland, 2014.